小学生安全自救知识小百科

游戏也疯狂

游戏安全须知道

朱晓华◎编著

化学工业出版社
·北京·

这套故事彩图版的小学生安全自救知识小百科包括《发生在家里的怪事情》《校园里的安全隐患》《游戏也疯狂》《野外遇险大考验》四本，围绕一对可爱的双胞胎奇可、妙可和他们的同学道明、宠物狗毕加，讲述了他们在家、在学校、在游戏中、出游野外四个不同场所所经历的故事，选取了100种孩子常会遇到的安全隐患，用100个惊险连连的安全小故事、100种实用的安全自救自护方法、100个趣味盎然的奇思妙想、100个启迪智慧的知识链接、100个紧贴生活的小提问，呈现低年级学生应该学到的安全知识。本书图文并茂、生动有趣，让孩子爱看，并通过本书让他们学会保护自己，让家长放手又放心。

图书在版编目（CIP）数据

游戏也疯狂：游戏安全须知道 / 朱晓华编著. —北京：化学工业出版社，2018.10

（小学生安全自救知识小百科）

ISBN 978-7-122-33063-5

Ⅰ.①游… Ⅱ.①朱… Ⅲ.①安全教育—儿童读物 Ⅳ.①X956-49

中国版本图书馆CIP数据核字（2018）第216909号

责任编辑：旷英姿

责任校对：杜杏然　　　　装帧设计：关　飞

出版发行：化学工业出版社（北京市东城区青年湖南街13号　邮政编码100011）

印　　装：北京缤索印刷有限公司

787 mm × 1092 mm　1/16　印张5¼　字数150千字　2019年3月北京第1版第1次印刷

购书咨询：010-64518888　　　　售后服务：010-64518899

网　　址：http://www.cip.com.cn

凡购买本书，如有缺损质量问题，本社销售中心负责调换。

定　　价：25.00元

前言

安全胜于一切！孩子的安全是父母最揪心的牵挂，让孩子安全地成长，是父母最大的期望。我们不可能永远把孩子牵在自己的手心里，他们必须在外面的繁华世界里磨炼、砥砺，他们的成长总是伴随着或大或小的伤痛。守护孩子不如教会他们安全自救自护的本领，只有这样，我们才能放手，才会放心。

这套故事彩图版的小学生安全自救知识小百科包括《发生在家里的怪事情》《校园里的安全隐患》《游戏也疯狂》《野外遇险大考验》四本，图文并茂、生动有趣、内容丰富。100个惊险连连的安全小故事、100种实用的安全自救自护方法、100个趣味盎然的奇思妙想、100个启迪智慧的知识链接、100个紧贴生活的小提问。围绕一对可爱的双胞胎奇可、妙可和他们的同学道明、宠物狗毕加，讲述了他们在家、在学校、在游戏中以及在野外出游四个不同场所所经历的故事，解析100种孩子常会遇到的安全隐患，呈现低年级学生应该学到的安全常识。让孩子在故事里学会保护自己、增长见识、提高抗险能力，让家长放手又放心。

我们满怀着对孩子的爱与期待编写了这套书，希望带给孩子们不一样的收获。

目录

主人公简介

主人公奇可、妙可是一对可爱的双胞胎，毕加是他们家的一只宠物狗。

★☆★☆★☆★☆★☆★☆★☆★☆★☆★☆★☆★☆★☆★☆★☆★☆★☆★

“探险大王”奇可是一个男生，自称为“探险大王”，他非常调皮，好奇心很重。用妈妈的话说就是“看不得的偏要看看，摸不得的偏要摸摸，吃不得的也想尝尝”。为此，爸爸妈妈非常头疼。幸亏他有一个细心的跟屁虫妹妹，每每在他置身危险的时候都能帮助他巧妙避险。所以，尽管奇可觉得男生后面总跟着个胆子小的女生很烦，但不得不经常和妙可一起行动，因为只有这样，才可以避免爸爸妈妈的唠叨。

优点：好奇、勇敢、乐观、精力旺盛、行动迅速、失败了也不气馁……

缺点：太好奇、大大咧咧、有些瞧不起小女生。

口头禅：你们看我的……

★☆★☆★☆★☆★☆★☆★☆★☆★☆★☆★☆★☆★☆★☆★☆★☆★☆

“安全小保镖”妙可是一个女生，非常细心，善良可爱。虽然胆子有些小，但在跟着奇可“闯荡”的过程中，学到了很多科学知识，胆子也变得越来越大。因为总能帮奇可巧妙避险，屡屡被奇可称为“幸运星”，她也乐得接受这一称呼。妙可还有一个伟大的理想呢，那就是希望能成为所有小朋友的“幸运星”。

优点：细心、好学、善良可爱、懂得照顾人……

缺点：有一点点胆小。

口头禅：让我想一想……

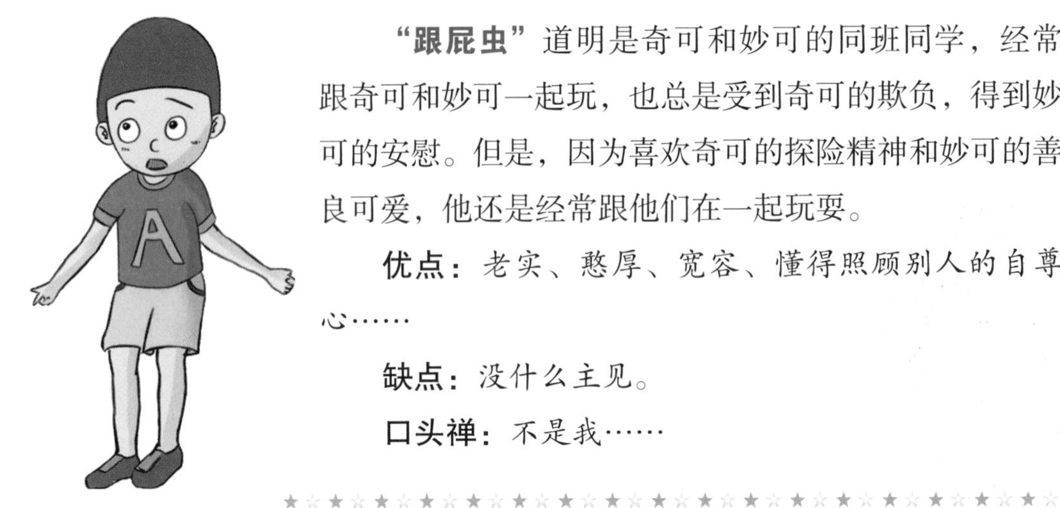

“跟屁虫”道明是奇可和妙可的同班同学，经常跟奇可和妙可一起玩，也总是受到奇可的欺负，得到妙可的安慰。但是，因为喜欢奇可的探险精神和妙可的善良可爱，他还是经常跟他们在一起玩耍。

优点：老实、憨厚、宽容、懂得照顾别人的自尊心……

缺点：没什么主见。

口头禅：不是我……

宠物狗毕加是一头可爱的拉布拉多犬，聪明温顺，总被当成“替罪羊”或“倒霉蛋”，却还是喜欢跟在奇可和妙可的后面。

优点：聪明温顺、忠诚勇敢。

缺点：到底不如奇可和妙可聪明……被逼急了的时候也咬人。

口头禅：汪汪……

奇可和妙可都喜欢玩游戏，尽管奇可喜欢玩的是探险游戏、枪战游戏，而妙可喜欢玩的是橡皮筋游戏、捡石子游戏。但妙可有时候也会被奇可拖去“探险”，奇可有时候也被妙可“抓丁”。游戏虽然好玩，可也隐藏着很多危险，要怎样才能在安全的情况下玩得尽兴呢？让我们一起来看看——

1 这种“糖果”不好吃

探索小故事

奇可叫妙可跟他一起下棋。

奇可战败了，一脸沮丧。

奇可一手拿着棋子往口里送，一手拿着牛奶糖往棋盘里放。

奇可不小心把棋子吞下去了。

安全小保镖

误吃了异物该怎么处理?

① 玩耍时千万不能三心二意，如果不小心将玩具和食物混合放置，很容易误把玩具当食物给吃了。

② 小型的玻璃珠或弹珠类异物吞入肚内，如果没有堵塞在气管位置，不要紧张，吃一点润滑肠道的东西如芝麻油，异物会在两三天左右随同粪便排出体外。

③ 如误吞食了小型、无尖角的金属类物质，可马上吃一些未切断的韭菜。韭菜纤维可将金属物质包裹住，避免划伤肠道。

小博士教知识

被鱼刺卡住了怎么办?

① 较小的鱼刺，有时随着吞咽，无需特别处理就可顺着食管滑下去。如果感觉刺痛，可用手电筒照亮咽部，用小勺将舌背压低，仔细检查咽峡部，主要是察看喉咽的入口两边，因为这是鱼刺最容易卡住的地方，如果发现鱼刺扎得不深时，患者张口发出“啊、啊、啊”的声音，再请人用长镊子夹出鱼刺。

② 较大的或扎得较深的鱼刺，如果作吞咽动作疼痛仍不减轻，喉咙的入口两边及四周均不见鱼刺，就应该及时去医院。

③ 当鱼刺卡在嗓子里时，千万不能让患者囫囵吞咽大块馒头、烙饼等食物。虽然有时这样做可以把鱼刺除掉，但有时候不仅没把鱼刺除掉，反而会使其刺得更深。

④ 半斤韭菜不要切断，煮熟后吞咽，将鱼刺带下。大口咽韭菜后，有时鱼刺已掉，但还遗留有刺痛的感觉。所以要观察一下，如果仍感到不适，一定要到医院请医生诊治。

⑤ 不提倡采用喝醋的方法，因为过量的醋会损害肠胃。

链接 奇可、妙可的小笑话

奇可：“嘿，我是‘琴棋书画’样样精通……”

妙可：“呵呵，是啊，电子琴、跳子棋、小人书、填色沙画，你的确是样样精通啊！”

小朋友，知道糖果吃多了有什么坏处吗？

2 救命呀，我被子弹射中啦！

探索小故事

奇可叫上道明，带着家里的玩具枪去进行枪战。

在一个废弃的仓库旁，奇可“逮”住了道明。

道明的仿真手枪射出的子弹打中了奇可的胳膊。

奇可的胳臂被包扎成了“粽子”，道明非常惭愧。

安全小保镖

使用玩具枪也要注意安全：

① 玩具手枪的子弹虽然是塑料的，但是因射击时速度较快，也有很大的破坏力，千万不要将玩具手枪对着他人射击。

② 同学们一起玩耍时，不要打闹争夺，以免在混乱中误伤自己的小伙伴。

③ 如被玩具枪打伤，应保持伤口的清洁，不要随便触碰。

④ 马上告诉家长，并立即去医院请医生处理伤口。

小博士教知识

中国人民解放军军衔制

中国人民解放军现行军衔制度经过几次改革，留存为五等十九级。其中军官为将官、校官和尉官三等，共十级；士兵为士官和义务兵二等，共九级。具体见下图：

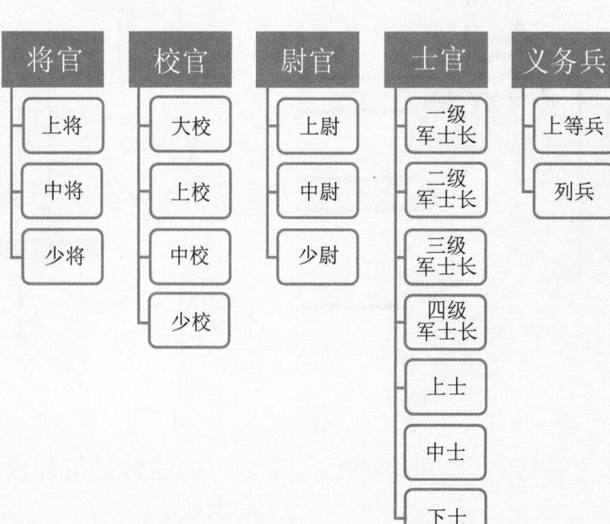

链接 奇可的小笑话

奇可的玩具手枪内装的是圆形的塑料子弹，这天，他的子弹用完了，就去玩具店买。

奇可：“爷爷，买一包圆子弹！”

老爷爷：“啥？我这哪有‘原子弹’卖啊！”

小朋友，想想是不是有很多更安全、更有趣的游戏呢？

3 窒息的感觉真难受！

探索小故事

奇可、妙可在外面玩，突然下起大雨，两人躲在屋檐下担心地望着天空。

奇可从衣袋里掏出两个塑料袋戴在妙可和自己头上。

没跑几步，奇可就摔在地上，原来塑料袋被打湿后，完全罩住了他的口鼻，引起窒息。

妙可将奇可头上的塑料袋撕开，奇可张开嘴大口呼吸。

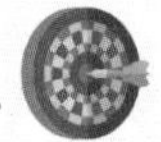

安全小保镖

使用塑料袋不慎发生窒息时，我们该怎么办呢?

① 塑料袋不能轻易套在头上玩要，打湿或勒紧后都可能引起窒息。

② 发现小伙伴窒息后，要立刻撕开或剪开套在他头上的塑料袋，让嘴和鼻子露出来。

③ 立刻将小伙伴移至通风的地方，让他呼吸新鲜空气。

④ 如果情况严重，要立刻送小伙伴去医院。

小博士教知识

如何减少白色污染?

白色污染是指废塑料对环境的污染，它主要包括塑料袋、塑料餐具及杯盘、饮料瓶、酸奶杯等。如果使用后被随意乱丢乱扔成为固体废物，难以降解处理，会给生态环境造成严重的污染。

为了减少白色污染，我们要尽量做到：

①不要过度依赖塑料袋，已经使用过的塑料袋要尽量重复使用。

②出门购物时尽量使用自备的环保袋，不用或少用难降解的塑料包装物。

③盛装食物使用自备的餐具，既卫生又环保，拒绝使用一次性塑料餐具。

④不随意丢弃垃圾，对废弃物进行分类，以便回收。

⑤提高环保意识，保护环境、爱护环境，敢于向污染环境的行为说“不”。

链接 奇可、妙可的小笑话

奇可："救命啊——"

妙可："你怎么了？"

奇可："差点窒息了！"

妙可："怎么？又被塑料袋蒙头了？"

奇可："这个笑话太好笑啦，笑得我差点窒息了！"

小朋友，知道如何进行垃圾分类吗？

4 我不要当飞天！

探索小故事

妙可叫奇可跟她一起去院子里玩秋千。

奇可不情愿地推着妙可。

奇可使劲一推，妙可的秋千荡得老高。

妙可从秋千上跌下来，摔进了秋千下面的沙坑。

安全小保镖

荡秋千时应该怎样确保安全?

① 荡秋千时，不能荡得太高，双手要紧紧抓住秋千的绳子，以免失去平衡。

② 观看别的小朋友荡秋千时要离开远一些，以免被快速来回的秋千撞伤。

③ 下秋千时一定要等秋千停稳后再下来，以免摔伤。

④ 如果发生了摔伤或撞伤的意外，要马上通知家长，及时就医。

小博士教知识

秋千为什么要叫做“秋千”？

荡秋千是古人在攀登中创造的活动，最早称之为“千秋”。传说为春秋时代北方的山戎民族，为了获得高处的食物，双手抓绳而荡，这就是只有一根绳子的“千秋”。后来，齐桓公北征山戎族，把“千秋”带入中原。到汉武帝的时候，“千秋”成了祝寿之词，取“千秋万寿”之意。在历史长河中，不知何时，“千秋”两字倒转为“秋千”，逐渐演化成用两根绳加踏板的现代秋千。因其“千秋”的寓意良好，所以在古代的皇宫非常流行，后来逐渐演变成一种大众化的运动。

链接 妙可的日记

明天是奶奶的生日，我计划带她去荡秋千。

你们都觉得很好笑吧？其实一点都不好笑，因为我刚刚知道，“秋千”在古代的名字叫做“千秋”，寓意“千秋万寿”呢！我带奶奶一起去荡秋千，就是希望奶奶能“千秋万寿”“寿比南山”！

小朋友，知道秋千为什么能荡起来吗？

5 高压线上的“老鹰”

探索小故事

三月，奇可和妙可去郊野放他们的老鹰风筝。

他们在一处有着高压电线的风口处停了下来。

风筝挂在高压线上了，奇可赶紧扔下风筝，拉着妙可和毕加逃跑。

电力工人来了，告诫大家这样玩很危险。

安全小保镖

放风筝的安全注意事项：

① 放风筝要选择空旷、平坦的地方，不能在有高压线或电线杆的地方，也不能在屋顶的平台或公路、铁路附近放。

② 在高压线下放风筝，不仅会给电力设施带来隐患，还容易给别人带来伤害。

③ 放风筝要选择晴朗的天气，一旦刮大风、打雷，要马上停止放飞，并离开空旷处。

④ 不能让风筝低空飞行，以免误伤他人。

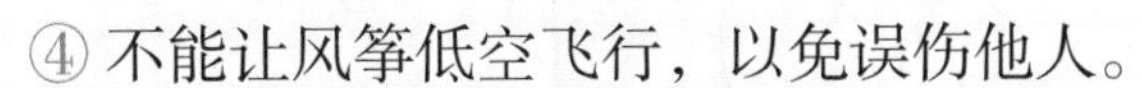

小博士教知识

风筝的发明

风筝为古代中国人发明，相传墨翟用木头制成木鸟，研制三年而成，这是人类最早的风筝起源，后来其学生鲁班用竹子改进墨翟的风筝材质，进而演变成为今日风筝的雏形。

13世纪，意大利的马可·波罗从中国返回欧洲后，风筝传到了世界各地。

在古代，风筝曾作为侦察工具被用于军事上，还有进行测距、越险、载人等活动的历史记载。

链接 妙可的日记

今天的作文课上，老师要我念自己的作文给同学们做示范。当我念到“我就是那只风筝，妈妈的话语就是那根牵着风筝的线……”时，同学们都说写得好，可是奇可又捣蛋，一句话搞得全班同学都笑翻了天。他说：“妈妈的话哪是什么风筝线，是高压电线！”气死我了！

小朋友，你自己动手做过风筝吗？

6 假当医生真得病

探索小故事

毕加睡在地上，奇可以为它生病了。

奇可假装医生，用一根医用输液管和一块玻璃片作听诊器，给毕加“看病”。

奇可拿出从医院垃圾桶里捡来的废输液管，装模作样地准备给毕加“输液”。

妙可飞奔而来，连连摆手制止奇可。

安全小保镖

模仿医生千万要注意：

① 不要模仿医生给自己或小伙伴打针，以免被针头扎伤，造成危险。

② 不要把注射器当成喷水枪来玩，强大的压力容易使针头飞出，伤到自己或小伙伴。

③ 使用过的注射器尤其不能玩，因为它沾有大量细菌，还可能带有传染病毒。

④ 一旦被注射器扎伤，一定要立刻告诉父母，让他们帮忙消毒、包扎。

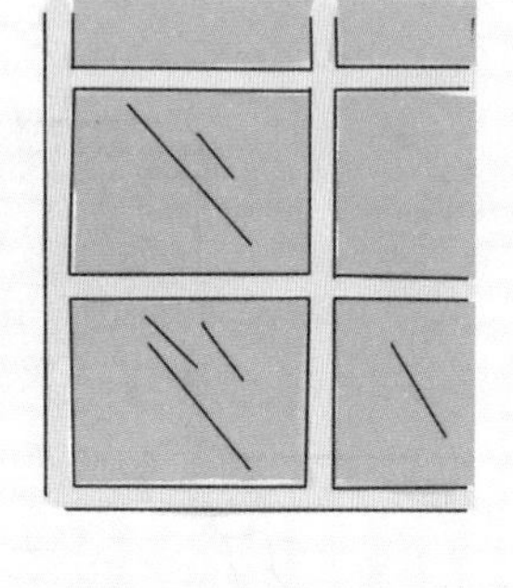

小博士教知识

为什么有时打针要打在屁股上？

医生给药的方式有许多种，会根据药物作用时间快慢而有不同的选择。药效最慢的是口服，因为需要经由消化吸收才能达到药效；最快的就是静脉注射，也就是一般的点滴，因为直接打到血液里了；打在屁股上属于肌内注射，作用时间较口服快、较静脉注射慢，是把药物注射到肌肉里让肌肉里的小血管缓慢吸收慢慢地发生药效，肌内注射常见的部位是手臂和屁股，屁股的肌肉因为比较厚而不容易扎到较深部位的血管。其实屁股周围也有许多神经分布，为避免伤到神经，屁股的针都是打在单侧的外上1/4部位。

链接 妙可的日记

今天我有点不高兴，因为我觉得爸爸妈妈偏心。

上午，我的航天员舅舅来我家做客，他问我和奇可的理想是什么……

我们两个都想当宇航员，能够像杨利伟叔叔一样，到太空去看看该多好呀！可是爸爸妈妈却说，他们希望我将来当一名医生，奇可倒是可以当宇航员或者科学家！他们凭什么这么说呢？难道就因为我是女孩子吗？

小朋友，知道医生的听诊器是用来干什么的吗？

7 春游时的惊险事件

探索小故事

奇可、妙可、道明等小伙伴一起去春游。

奇可一个人捉蝴蝶去了。

妙可和道明四处找不到奇可。

奇可摔得浑身往下滴泥水，他提着湿漉漉的鞋子回来了。

安全小保镖

在野外迷路了，我们该怎么办?

① 去陌生的地方游玩时，最好能带上一张地图。

② 如果不幸跟同伴走散，应回忆所经过的建筑、溪流等，对照地图确定当前所在位置，找到正确的前进方向。

③ 晴朗的夜晚，观察星星可以判别方向：从北斗七星找到北极星，就找到了正北方。

④ 白天看不到太阳时，可观察树干或苔藓，我们所在的是北半球，一般苔藓多的、树皮粗糙的一面就是北面。

小博士教知识

为什么学校一般会组织春游活动?

春游，古称“踏青”，是一种传统的文体活动。“三月三日气象新，长安水边多丽人。”杜甫所描绘的就是唐代人们春游的盛况。春季的郊野万木吐翠、芳草茵茵、百鸟争鸣、阳光和煦、空气清新，置身于如诗如画的环境中能使人心胸开阔、疲劳消除、开阔眼界、陶冶情操，有利于加强同学之间的感情。因此，春游具有其他季节无法比拟的作用，一般学校都会组织学生春游。

链接 奇可、妙可的小笑话

春游时，老师问同学们："大家知道今天刮的是什么风吗？"

妙可捡起几片树叶抛出去，树叶纷纷往北飘去，妙可回答："老师，是南风！"

奇可故意捡起几粒石子抛出去，石子直接掉地上了，奇可回答："老师，今天刮的是上下风！"

老师哭笑不得。

小朋友，知道怎样判断风向吗？

8 别动！小心爆炸！

探索小故事

春节到了，奇可和妙可唱着歌去放鞭炮。

妙可捂着耳朵催促奇可赶紧点鞭炮。

鞭炮半天没响，奇可准备去看看，妙可赶紧拖住了他。

鞭炮炸开了，奇可、妙可和毕加都被吓得连连后退。

安全小保镖

小朋友，知道怎样安全燃放烟花爆竹吗？

① 燃放烟花鞭炮要远离禁放地区，更不能在窗口、阳台、室内燃放。

② 燃烧升空类烟花鞭炮要注意其落地情况，如落在可燃物上并有余火，要尽快扑灭。

③ 燃放时应侧身去点燃，不要让面部直接对着爆竹。一定要放置在地面上，不能捏在手上去点火。

④ 遇到哑炮时，应稍作等待确认不会再响后，再用脚踢到安全的地方，以防爆炸伤人。

小博士教知识

元宵节挂灯笼、放烟花的来历

传说在很久以前，凶禽猛兽很多，四处伤害人和牲畜，人们就组织起来去驱赶它们。可是，有一天，有一只神鸟因为迷路而降落人间，却意外地被不知情的猎人给射死了。天帝知道后十分震怒，立即传旨，下令让天兵于正月十五到人间放火，把人间的人畜通通烧死。但是，天帝的女儿心地善良，不忍心看百姓无辜受难，就冒着生命危险，偷偷驾着祥云来到人间，把这个消息告诉了人们。众人听说了这个消息，犹如头上响了一个焦雷，吓得不知如何是好，过了好久，才有老人家想出了一个法子，他说："在正月十四、十五、十六这三天，每户人家都在家里张灯结彩、点响爆竹、燃放烟火。这样一来，天帝就会以为人们都被烧死了。"

大家听了都点头称是，便分头准备去了。到了正月十五这天晚上，天帝往

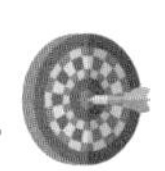

下一看，发现人间一片红光，响声震天，连续三个夜晚都是如此，以为是大火燃烧的火焰，心中大快。人们就这样保住了自己的生命及财产。

从此以后，人们为了纪念这次成功，每到正月十五，家家户户都悬挂灯笼、放烟火来纪念这个日子。

链接 奇可的小笑话

奇可："你这10000响的鞭炮够数吗？不会只有8000响吧？"

售货员："哪有那么准的？总会有些出入啊！"

奇可："那二踢脚（一种鞭炮）总共两响，你还差一响咋办？"

售货员："……"

小朋友，知道中国的四大发明吗？

9 溜溜板，滑溜溜

探索小故事

奇可和妙可争抢一个滑板车，奇可拼命往前溜得飞快，还一边回头看妙可。

滑板车撞到路边的石阶上，奇可摔得眼冒金星。

奇可痛苦地躺在地上，妙可小心地帮他擦伤口上流出来的血。

奇可手脚上都绑着石膏，拄着拐杖去上学。

安全小保镖

怎样才能安全玩滑板车?

① 玩滑板车、骑儿童自行车时，要文明礼让，不要追打，速度也不能过快。

② 可戴上护膝、护肘、护腕等物品保护自己。

③ 表皮擦伤时可涂抹碘伏消毒，如流血不止，应用纱布按压出血部位，并立即去医院。

④ 一旦发生手脚骨折等，不要随意活动受伤部位，应尽快找医生加以处理。

小博士教知识

为什么铅笔大多是六菱形的，而轮胎都是圆形的?

因为六菱形的形状可以增加摩擦力，使铅笔不容易滚下课桌；而轮胎是圆形的，摩擦阻力小，车轴在圆心也可以保持车身的稳定。

链接 奇可的日记

今天在院子里玩滑板车的时候，我突然想到一个好办法。

我想把滑板车的形状改造一下，做成绿色西瓜皮的样子，人就踩在红色的“西瓜瓤”上，轮子就隐藏在“瓜皮”底下……这样的话，玩起来就和妈妈说的那句话一样：“脚踩西瓜皮，溜到哪里算哪里！”

怎么样？我这个创意不错吧？

小朋友，知道为什么三角形是最牢固的结构吗？

10 这个“操场”真危险

探索小故事

奇可喊上道明，抱着足球出发了。

他们来到宽阔的马路上，决定就在这里踢球。

一辆小车迎面开来，为了躲开足球，把奇可撞倒在地上。

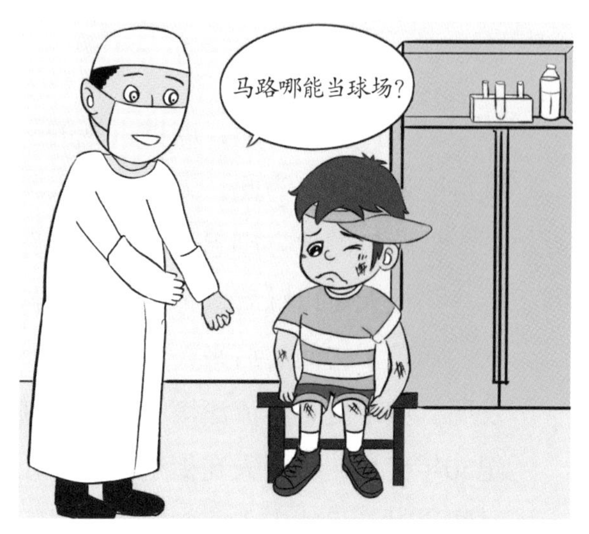

奇可被送到了医院，医生语重心长地批评他，他羞愧地低下了头。

安全小保镖

千万不要把马路当操场。

① 马路上常常车来车往，我们切记一定不要把它当操场。

② 在马路上应该遵守交通规则，靠右行走，过马路时走斑马线，看清红绿灯。

③ 如果发生擦伤等小事故，应迅速转移到马路边再进行简单处理。

④ 如果发生较大的事故，应尽快拨打120，请救护车前来救助。

小博士教知识

马路上的斑马线是怎么来的?

早在古罗马时期，庞贝古城的一些街道上车马道与人行道交叉，经常造成城内交通堵塞。为此，人们便将人行道与马车道分开，并把人行道加高，还在靠近马路口的地方砌起一块块凸出路面的石头——跳石，作为指示行人过街的标志。行人可以踩着这种跳石，慢慢穿过马路。马车运行时，跳石刚好在马车的两个轮子中间。后来，许多城市采用了这种方法。19世纪末期，随着汽车的发明，城市更是车流滚滚，从前的跳石已无法避免交通事故的频频发生。20世纪50年代初，英国人在街道上设计出了一种横格状的人行横道线，规定行人横过街道时，只能走人行横道，于是，伦敦街头赫然出现了一道道醒目的横线，看上去这些横线像斑马身上的白斑纹，因而人们称它为斑马线。

链接 奇可、妙可的小笑话

奇可和妙可一起去看奶奶。在马路上，他们看见前面一辆车不断冒出浓浓的呛人的黑烟。

妙可：“你说，那辆车烧的到底是什么？”

奇可：“我知道，它烧的是木柴！”

小朋友，知道足球的来历吗？

11 不好玩的KTV

探索小故事

表姐准备和朋友去唱歌，奇可和妙可也想跟着去。

一行人来到附近霓虹灯闪烁的“魅力KTV”。

KTV内噪声巨大，奇可和妙可都捂着耳朵逃了出来。

回到家中，奇可和妙可还是眼睛发花，耳朵轰鸣。

安全小保镖

小朋友们为什么不能去“KTV”？

① KTV、夜总会、歌舞厅、练歌房、录像厅、洗浴室等均属于成人娱乐场所，小学生一定要远离这些场所。

② 小学生的神经系统发育还不完善，这些噪声巨大的场所，会对耳朵和眼睛造成损伤。

③ 如受噪声刺激发生了耳鸣现象，可用双手掌分别捂住左右耳朵后再快速离开耳朵，多试几次可减轻症状。

④ 如果情况严重，可去医院请求医生帮助。

小博士教知识

怎样选择书写台灯？

为了保护视力，小朋友在看书、写字时应该选择无频闪，节能环保，符合国家标准的书写台灯。

链接 奇可、妙可的小笑话

奇可：“妙可，你是不是要发财了？”

妙可：“胡说什么？我正在看一本有趣的童话书！”

奇可：“老师说，书中自有黄金屋，你看你的书就是金黄色的嘛！”

妙可：“你——狡辩！”

小朋友，在家里你一般会做些什么有意思的事呢？

12 可怕的小河

探索小故事

天气很热，奇可和妙可在外面热得不停地抹汗。

在一条河边，奇可下水去洗脚，妙可来不及拉住奇可。

奇可滑进了河里，差点溺水。

奇可像个落汤鸡一样，浑身湿漉漉地被救了上来。

安全小保镖

如果不幸落入水中，我们该怎么办呢？

① 不幸落入水中，要大声高呼“救命”，引起别人的注意。

② 尽可能地抓住固定的东西，避免被流水卷走或被杂物撞伤。

③ 仰体卧位（仰泳），全身放松，让肺部吸满空气，头向后仰，让鼻子和嘴巴尽量露出水面。两手贴身用掌心向下压水，双脚反复伸蹬。保持用嘴换气，避免呛水，以争取更多的获救时间。

④ 发现同伴落水或溺水时，一定要大声呼喊成年人救助，切莫自己盲目下水施救。

小博士教知识

游泳后为什么要仔细清洁身体？

夏季游泳池里人很多，他们的汗液、唾液等会溶进水里。如果游泳者本身就伴有皮肤病、肺结核、红眼病等疾病，他们携带的病原微生物就很容易污染

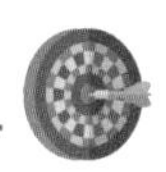

池水，进而感染他人的口腔、鼻孔、眼睛等部位。虽然池水中加有消毒剂，但仍不能杀死所有的病原微生物。所以游泳后最好仔细清洁一下身体所有部位，尤其是口腔的清洁，以避免感染疾病。并且每次游泳的时间最好别超过45分钟。

链接 奇可、妙可的小笑话

妙可：“妈妈，这个暑假我想去学游泳，他们说游泳可以减肥！”

奇可：“胡说！你见过海里的鲸鱼吗？它们每天游泳，就没看见它们瘦过！”

毕加的小提问

小朋友，知道怎么选择游泳的地方吗？没有大人带的情况下，能私自去游泳吗？

13 “吃人”的电梯

探索小故事

奇可和妙可在商场的电梯上跑上跑下。

奇可好奇地用脚去探电梯，结果被卡住了。

消防员叔叔赶来切割开电梯，才把奇可的脚“救”出来。

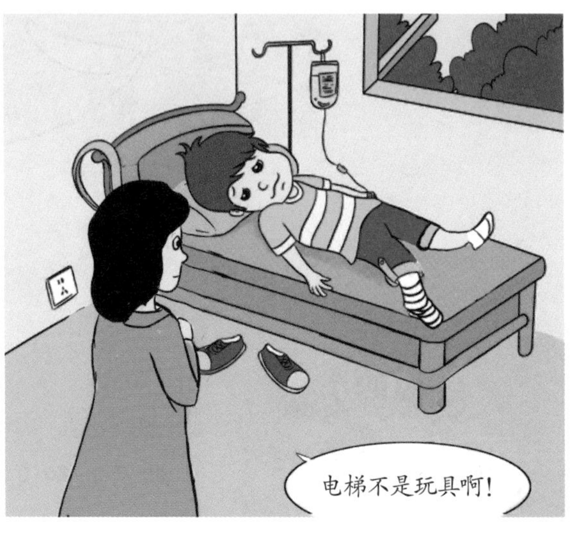

奇可的脚被裹成了“粽子”，躺在医院的病床上。

安全小保镖

小朋友们该怎样安全使用电梯?

① 电梯不是玩具，不要在上面嬉戏打闹，更不要推挤他人。

② 禁止攀爬扶手带，或反方向拦扶手带阻止其运行。

③ 上电梯时，要踩在黄色线边框内，不要将头部、肢体伸出扶手装置以外。

④ 如发生意外，应立即拨打急救电话请消防员及医生前来救助。

小博士教知识

有些商场的电梯为什么在没有人的时候走得很慢?

这是运用了变频技术。电梯是通过控制电机的运转来运动的，运用变频器改变电机的频率，就可以改变电机的转速，满足电梯的各种运行要求。电梯什么时候该停，什么时候该走，什么时候该快，什么时候该慢，都是由变频器通过外部通信获得指令以后，改变电机的频率来控制的。电梯有人的时候，感应器就会把信息传给变频器，变频器接到信息后改变电机的频率，电机加快运转，电梯就加速运动；没人的时候，情形正好相反。

链接 奇可、妙可的小笑话

妙可："奇可，抓老鼠，快，快，快，楼上……"

奇可："好，就来了！"

妙可："快，快，快……楼下……"

奇可："你以为我是电梯啊？要上就上，要下就下！"

小朋友，知道怎样安全乘坐电梯吗？

14 害人的奇可

探索小故事

奇可和道明在外面挖了一个陷阱，用草小心地盖住。

奇可和道明躲在路边的大树后，妙可大声喊着“奇可”寻过来了。

妙可正好跌进奇可挖的陷阱里，扭伤了脚。

奇可扶着妙可回家去，遭到妈妈严厉的批评。

安全小保镖

如果不小心掉进了陷阱扭伤了脚该怎么办?

① 挖陷阱属于恶作剧，容易伤害他人或自己，不要进行此类危险游戏。

② 脚扭伤了，试着站起来。如能站立走动说明为轻度扭伤，可自己处置；如有剧烈疼痛并逐渐肿起，应到医院拍片诊治。

③ 扭伤初期，采用冷敷的方式使血管收缩，快速止血。扭伤48小时后，采用热敷，促使受伤部位的淤血消散。扭伤初期，不需内服药，不宜外敷活血的药物，以免血流更多，肿胀更大。48小时后，内服些云南白药、跌打丸、活血止痛散，再外敷五虎丹，消肿后就不必内服和外敷药物了。

④ 如伤及骨头，须请医生治疗，视情况决定是否捆绑石膏。

小博士教知识

火车编号首字母代表什么意思?

C——城际列车

D——动车组

G——高速列车

K——快速列车

L——临时旅客列车

S——城郊专运客车(目前只有少数几个直辖市有)

T——特快列车

Y——旅游列车

Z——直达列车

链接 奇可、妙可的小笑话

奇可："哈哈，太好笑了，今天我讲话时，故意挖了好几个'陷阱'，道明他们都上当啦！"

妙可："小样儿，难怪你嘴巴都'挖'肿了，自己也跌里面去了吧？"

小朋友，知道什么是隧道吗？

15 “那个地方”受伤了

探索小故事

奇可和妙可一起去溜冰，奇可不听劝告溜得飞快。

奇可快速滑行，撞到了一个小女孩身上，裆部受伤了。

因为受伤部位特殊，奇可难为情地捂着裤裆部位。

医生帮奇可处理后，严肃地叮嘱他要小心运动。

安全小保镖

“那个地方”受伤了怎么办?

① 在溜冰场玩时，不能追赶打闹或玩花样，以免伤害自己或别人。

② 小男孩特殊部位受伤，如皮肤未被撕裂，可以局部冷敷止疼，并卧床休息。如皮肤撕裂，应尽快就医。

③ 小女孩特殊部位受伤，也应立刻寻求医生的帮助，还要特别注意个人卫生，勤换内裤。

④ 无论身体什么部位受伤，都应该尽快求医处理，不能因为害羞延误治疗机会。

小博士教知识

男女的体温有什么差别吗?

人体的体温在昼夜24小时中有着周期性的变化。清晨2～5时体温最低，以后逐渐上升，晚上5～7时最高，以后又逐渐下降。男女的体温也不同，女子的体温平均比男子高0.3℃。而且，女子的体温还会随着月经周期的变化而变化，即月经后的前十几天体温稍低，后十几天又稍高，之间的差异在0.5℃左右。

链接 妙可的日记

好高兴，我要有一间属于自己的房子了！

妈妈说，男女有别，今后我不用再跟奇可住一间屋子了。而且，妈妈还会给我也买一张双层床呢！这下不用跟奇可抢上铺啦！我已经计划好了，下铺用来放我的玩具和书籍，睡在玩具和书上面的我，一定会每晚都做香香甜甜的梦吧？

小朋友，知道男孩与女孩有哪些不一样吗？

16 呜呜，好臭的下水道！

探索小故事

放学路上，奇可一边走路一边看故事书。

由于没好好看路，奇可掉进了路边没了井盖的下水道。

妙可和同学们赶紧叫大人来帮忙。

奇可被救上来，全身臭烘烘的。

安全小保镖

如果不小心掉进了下水道，我们该怎么办？

① 走路时一定要留心周围的情况，不能三心二意，以免发生意外。

② 如果掉入下水道，不要惊慌，应该保持镇定，大声呼救争取他人相救。

③ 如果一时无人经过，要适当保持体力，想办法自救。

④ 用身边的书包等东西护住头部，避免其他的物体再次坠入砸伤头部。

小博士教知识

下水道的来历：

下水道是建筑排除污水和雨水的管道，也是城市、厂区或小区排除污水和雨水的地下通道。

下水道是一种城市公共设施，早在古罗马时期就有该设施出现。近代下水道的雏形源于法国巴黎，至今巴黎仍然拥有世界上最大的城市下水道系统。如果没有下水道，我们将生活在一个污水横流的世界里。

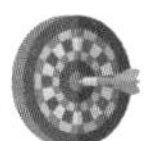

链接 奇可、妙可的笑话

老师：“我请一个同学用‘难过’这个词造一个句子……”

奇可：“我家门前正在修下水道，来往的行人都很难过……”

妙可：“奇可，你又故意捣蛋！”

小朋友，知道下水道是用来干什么的吗？

17 恼人的“知了”

探索小故事

夏天的正午，奇可一个人出门去抓知了。

奇可满头大汗地回来，马上打开空调和电风扇对着自己吹。

不久，奇可就脸色苍白直呻吟，妙可赶紧找来家里的急救箱。

妙可扶奇可躺下来休息。

安全小保镖

夏天中暑了该怎么办?

① 发生中暑后，可在阴凉通风的地方平躺下来，抬高头部，解开衣扣。

② 可以饮用含盐的饮料、茶水等，以起到降温和补充水分的作用。

③ 打开电风扇使空气流通，但中暑者不要直接对着电风扇吹。

④ 在额头上涂抹清凉油、风油精或者服用藿香正气水等。

小博士教知识

为什么日出时太阳大却不热，正午时太阳小却很热?

初升的太阳看上去比正午大，是因为早晨的空气湿度大，太阳光通过空气发生了散射现象，加之背景暗淡，又有地面参照物，所以看上去显得大一些；而中午时太阳光是直射的，空气湿度也小一些，光线通过空气直射下来，加之背景明亮，又没有参照物，所以太阳看上去小一些。早上温度比中午低，是因为太阳光在早上呈一定角度折射，而中午是垂直照射。

链接 妙可的日记

今天奇可的表现太让我失望了，我都不好意思承认我是他妹妹！

老师要我们写一篇500字的作文，题目就叫《最难忘的一件事》。结果奇可是这样写的：“昨天，我和妙可一起出去玩，一路上听见蝉不停地叫：知了、知了、知了……”500字的作文，他光“知了”就写了480个！

小朋友，知道我们为什么要放暑假吗？

18 毒辣辣的太阳

探索小故事

夏天很热的时候，奇可和妙可穿着游泳衣去游泳。

两人游得很兴奋。

妙可晒得皮肤红红的，奇可取笑她。

回家后，妈妈帮他们涂抹清凉的膏药，他们的皮肤都火辣辣地疼。

安全小保镖

皮肤被晒伤了该怎么办?

① 皮肤被晒伤后，可将黄瓜磨成泥状，用布过滤成汁，用黄瓜水涂抹晒伤处，15分钟后洗掉。

② 可用芦荟汁涂抹在晒伤处，15分钟后洗掉。

③ 严重者可涂抹橄榄油，15分钟后洗掉，连续一周。

小博士教知识

非洲人为什么那么黑？是被晒黑的吗?

皮肤中的黑色素有利于太阳紫外线的吸收。非洲接近赤道，太阳直射，终年高温，生活在那里的人皮肤上都必须存在足够多的黑色素，以吸收紫外线，避免太阳紫外线杀伤皮肤下组织细胞，这也是环境对人的要求。经过一代一代遗传，黑色素不断积累，已经形成了基因的改变，所以现在的非洲人，尤其是南部的非洲人，生下来就是黑的。

链接 奇可、妙可的小笑话

妙可："奇可，这么热，你怎么又跑出去晒太阳了？"

奇可："你们不是都喜欢阳光男孩吗？我想变得更阳光一点！"

毕加的小提问

小朋友，知道什么是紫外线吗？紫外线又有什么作用和危害呢？

19 怯场的妙可

探索小故事

奇可拉上妙可去参加小区里的游园会。

大家要求奇可和妙可一起表演节目，奇可满不在乎地上台了，妙可连连摇手。

大家起哄要妙可上去，妙可搓着衣角低着头，还是不敢上台。

奇可给妙可壮胆，两人终于站上台一起表演了节目。

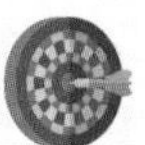

安全小保镖

怎样提高自己的自信心?

在公开场合怯场，与自信心不足或对自己的要求太高有关系。

心理调节第一步：进行积极的自我暗示，每天起床后对着镜子说几遍“我一定能行”，并做几个鬼脸。

心理调节第二步：经常与同伴交流，并多参加集体活动。

心理调节第三步：通过读书，学习一些必要的技巧，并运用到实际生活中。

小博士教知识

人为什么害羞的时候会脸红?

当人们感到害羞的时候，会因为精神紧张、兴奋而促进肾上腺素等儿茶酚胺类物质的分泌增多，从而加快了血液流动和氧气输送，给全身带来变化。而人的面部血管丰富且浅，所以比较容易看出来脸红；因面部神经很丰富，所以我们还能感觉到发热。

链接 奇可、妙可的小笑话

妙可：“奇可，我考考你，你知道螃蟹为什么煮熟了就会变红吗？”

奇可：“我知道，它跟你一样，餐桌上大家的目光全部注视它时，就害羞得脸红了！”

妙可：“你好讨厌！”

小朋友，知道螃蟹煮熟了就变红的原因吗？

20 钓鱼时的意外事故

探索小故事

奇可背着钓鱼竿，妙可提着小桶子，兴致勃勃地去郊外的池塘钓鱼。

鱼上钩了，奇可去拉鱼竿，鱼竿都成弓形了。

鱼逃脱了，鱼竿弹回来，鱼钩把妙可的手臂拉出了一道血口子。

奇可把妙可送到医院，请医生帮妙可消毒处理。

安全小保镖

被鱼钩划伤了该怎样处理?

① 选用鱼竿时一定要选表面平滑的，拉伸鱼线时要注意周边人的安全。

② 鱼钩嵌入皮肤，不要随便挤、咬，应尽量将接近鱼钩处的钓线切断，然后轻轻地将鱼钩从皮肤内取出来。

③ 伤口不严重时，清洁伤口，消毒处理，包扎起来。

④ 伤口较深时，要尽快找医生处理。

小博士教知识

蜜蜂为什么蜇了人就会死?

因为蜜蜂的尾针上有着像鱼钩一样的倒钩，而它的尾针又连接着自己的内脏。蜇了人之后，它的尾针倒钩住人体，拔不出来，当它拼命飞离的时候，就会把自己的内脏拔出来，这样它就会死。

链接 奇可、妙可的小笑话

妙可："你钓到的最大的鱼有多大？"

奇可："14厘米。"

妙可："那也不怎么大嘛！"

奇可："我是说鱼两只眼睛之间的距离。"

小朋友，知道鱼为什么一定要生活在水中吗？

21 可怕的吸血虫

探索小故事

奇可带着妙可一起去郊外的水田里抓泥鳅。

奇可站在水中，表情怪怪的。

奇可走到岸边，抬起左腿，一条蚂蟥吸得饱饱的，吸在他的小腿上。

奇可准备用手去扯蚂蟥，妙可慌忙拦住他，告诉他只能用手拍。

安全小保镖

被蚂蟥吸住了怎么办?

① 千万不要强行将蚂蟥拔掉，因为越拉蚂蟥的吸盘吸得越紧，一旦蚂蟥被拉断，吸盘就会留在伤口内，容易引起感染、溃烂。

② 可以在蚂蟥叮咬部位的上方轻轻拍打，使蚂蟥松开吸盘而掉落，也可以用烟油、食盐、浓醋、酒精、辣椒粉、石灰等撒在蚂蟥身体上，使其放松吸盘而自行脱落。

③ 蚂蟥掉落后，若伤口流血不止，可先用干净纱布包扎伤口1~2分钟，血止后再用5%碳酸氢钠溶液洗净伤口，涂上碘酊，再用消毒纱布包扎。若再出血，可往伤口上撒一些云南白药或止血粉。

④ 蚂蟥掉落后，若伤口没出血，可用力将伤口内的污血挤出，用小苏打水或清水冲洗干净，再涂以碘伏或酒精消毒。

小博士教知识

蚂蟥最怕什么?

蚂蟥最怕盐。因为蚂蟥是软体动物，没有皮肤保护。皮肤是动物的第一道保护屏障，而蚂蟥由于没有皮肤，所以对盐分十分敏感。撒盐后，盐与它的体液形成高浓度盐水，高浓度的盐水会让它应激性收缩, 促使其内部的体液外渗，导致其脱水死亡。 所以，在野外被蚂蟥叮咬后不要慌张，用高浓度的盐水滴到蚂蟥身上,它很快会松开吸盘掉下来最终失水死亡。

链接 奇可、妙可的小笑话

妙可：“去哪里？我也要去！”

奇可：“我去外面玩呢，男孩子才一起玩的地方！”

妙可：“我就是要去！”

奇可：“你怎么像条蚂蟥啊！老黏着我不放！”

妙可：“我又不吸血，还能保护你呢！”

奇可：“我宁愿要条蚂蟥，它起码不会老向妈妈告状！”

小朋友，知道还有哪些动物是吸血的吗？

22 失控的自行车

探索小故事

奇可与妙可在公园的空地各骑一辆自行车，奇可挑衅地叫妙可追他，毕加也跟在车后追。

奇可把车骑得飞快，妙可目瞪口呆地望着他。

奇可一只手抓扶手，另一只手做出武术动作，很威风的样子。

奇可摔了个嘴啃泥，妙可和毕加都着急地跑了过来。

安全小保镖

磕掉了牙齿怎么办?

① 骑车时注意不能速度过快，更不能手离车把。

② 如果牙齿磕掉，要迅速找到断齿并用冷水洗干净，让它自然干，千万不可用清洁剂或毛巾擦拭它。

③ 用干净的手指把口中的血块清除掉，再用凉水漱口，确保口腔内无任何污物。

④ 在流血的断牙处塞上药棉止血，再把断齿放进生理盐水或牛奶内，也可含在口中，以最快的速度去看牙医。

小博士教知识

为什么说骑自行车是很好的运动方式?

运动专家指出，由于自行车运动的特殊要求，手臂和躯干多为静力性的工作，两腿多为动力性的工作，在血液重新分配时，下肢的血液供给量较多，心率的变化也依据踏蹬动作的速度和地势的起伏而不同。在此过程中，身体内部急需补充养料和排出废料，所以心跳往往比平时增加2~3倍。如此反复练习，就能使，心脏强健，心肌收缩有力，血管壁的弹性增强，从而使肺活量增加，肺的呼吸功能提高。

链接 奇可的日记

今天有件事情太令我气愤了！

因为之前的几辆自行车都丢了，所以昨天晚上我把妈妈刚给我买的那辆自行车锁了好几把锁，还跟我们家的楼梯栏杆锁在一起，这下小偷就是搬也搬不走了。为了气气小偷，我故意贴了张字条：“看你怎么偷！”结果，今天早上我发现自行车又被加了一道锁，还贴了一张这样的字条：“我看你怎么骑！”

小朋友，知道怎样保护牙齿吗？

23 熟悉的“陌生人”

探索小故事

奇可趴在电脑边跟网友聊QQ，网友约他见面。

奇可爽快地答应了。

桥头小仓库，奇可被陌生人劫持。

妙可带着警察叔叔匆匆赶到，救下了奇可。

安全小保镖

小朋友们该怎样安全上网？

① 不要在网上轻易将自己的相关信息公开，如家庭住址、学校名称、电话号码、父母身份等。

② 不要单独约见网友，如认为非常必要，也应在父母或同学的陪同下在公共场所会面。

③ 在网上读到的信息有可能是不真实的，因为网上的名字、年龄、性别都有可能虚拟。

④ 不要浏览不健康的网站。

小博士教知识

玩网络游戏上瘾的坏处：

首先，玩网络游戏浪费时间。如果玩游戏的时间过长的话，用来学习的时间就必然会大大地减少，学习成绩不下降才怪呢！

其次，玩网络游戏对视力和健康十分有害。当沉迷在网络游戏中，视力也在不知不觉中一天天地衰退，等最后醒悟时，已经来不及了！可能还要搭上曾经拥有过的健康身体。

第三，玩网络游戏特别浪费金钱。作为学生，零花钱主要是由父母给的，试想一下，谁家的爸爸妈妈愿意很爽快地给钱让我们去上网玩游戏呢？为了能够进网吧上网玩游戏，必然会巧立名目向父母索取，要不然就东拼西凑、挖空心思地弄钱，哪里还有精力去学习？有的同学甚至因此而走上了犯罪的不归路，这又何苦呢？

链接 奇可的日记

奇可：“妙可，道明刚发了个帖子，你快去他家坐坐‘沙发’吧！”

妈妈：“这么热，跑那么远去坐什么沙发？”

奇可：“哈哈，妈妈，你真是‘菜鸟’！”

妈妈：“我是‘翠鸟’，看我不把你这条‘网虫’给吃了！”

小朋友，知道怎么合理利用网络吗？

24 男生女生配

探索小故事

道明邀请妙可一起去爬山，妙可兴奋地答应了。

走在路上，别的同学一边做着“羞羞”的样子，一边笑话道明和妙可。

道明再次邀请妙可去给他们球队当啦啦队员。

妙可连连摆手。

安全小保镖

男生女生怎样正常交往？

① 男女生正常交往有利于减少青少年青春期对异性的神秘感。

② 培养健康的交往意识，淡化对方的性别意识，交往时落落大方。

③ 应广泛交往或群体交往，避免过多的个别接触。

④ 交往时举止要端庄稳重，言谈要文雅。

小博士教知识

孩子是怎么来的？

再伟大的人都是从妈妈的肚子里生出来的。由于爸爸与妈妈相爱，爸爸在妈妈的肚子里播下了一颗爱的种子，这颗种子长大以后就是宝宝了。

链接 妙可的日记

今天上科学课，老师跟我们说，人类也是哺乳动物，只有雌性才可以孕育，也就是说只有女孩子才可以生孩子！我将来要当科学家，研究出可以让男人也生孩子的办法。嘿嘿，到时候就拿奇可来做实验！

小朋友，知道姓氏的起源吗？

25 医院不是游乐场

探索小故事

奇可和道明一起踢球，外面下雨了，就跑进了附近医院的大厅。

奇可兴奋地叫着，飞起一脚将足球高高踢起。

一个病人走出来，被奇可的足球砸中。

医生把他们叫到办公室，语重心长地教导他们。

安全小保镖

不要把医院当成游乐场：

① 医院是治疗病患的地方，非紧急情况，最好不要去医院。

② 医院的花园、操场等设施，主要是给病人使用来促进康复的场地，不要当成自己的游乐场地。

③ 在医院不要大声喧哗，以免影响病人休息。

④ 去医院看望病人或治疗的时候，要戴上口罩，防止交叉感染。

小博士教知识

医生为什么都穿白大褂？

因为医务人员最需要一个洁净的环境，任何污染都要被及时发现。而其他颜色的衣服会产生视觉干扰，影响人眼对污染物特别是附着在身上的污染物的发现。所以医务人员穿白大褂是为了时刻监督行医环境的整洁。

链接 奇可、妙可的小笑话

奇可："唉，还不开学，我都憋出病来了！"

妙可："啥病？"

奇可："相思病。我想道明他们了！"

妙可："好说，等下我送你去医院！"

毕加的小提问

小朋友，知道去医院探望病人时要注意哪些事项吗？

发生在家里的怪事情

奇可和妙可的爸爸妈妈都出差了，照顾他们的外婆也临时有事出去了。于是，这对淘气的双胞胎和一只宠物狗就在家里上演了一通“小鬼当家”：遭遇陌生叔叔、遇到入室小偷、不小心电路起火、天然气泄漏、烫伤、咬伤……“事故”层出不穷，幸运的是一次次都化险为夷。不光是妙可，就是胆大的奇可，也常常被吓得哇哇大哭。这些“事故”你也遇到过吗？遇到这些情况时你该怎么做？嗯，别急，咱们一起去看看奇可和妙可的“当家历险故事”，学一学他们的家庭自救方法——

校园里的安全隐患

奇可和妙可在同一学校同一班级上学。在学校，奇可是有名的淘气大王，也是班上男同学中的“大王”，经常带领班上的男同学一起捣蛋，遇到事情一定冲在最前面；妙可是他们班的纪律委员，可是最让她头疼的就是自己的哥哥奇可啦！不过，因为有安全秘籍，虽然惊险不断，奇可和妙可每天都能平平安安地上学。

游戏也疯狂

奇可和妙可都喜欢玩游戏，尽管奇可喜欢玩的是探险游戏、枪战游戏，而妙可喜欢玩的是橡皮筋游戏、捡石子游戏。但妙可有时候也会被奇可拖去“探险”，奇可有时候也被妙可“抓丁”。游戏虽然好玩，可也隐藏着很多危险，要怎样才能在安全的情况下玩得尽兴呢？让我们一起来看看——

野外遇险大考验

“走，探险去！”每到周末，奇可就兴致勃勃地去外面“探险”：要么是小区那个黑黑的储存室，要么是郊外那片树林……尽管妙可有些害怕，但她还是挺享受这种自由自在的时刻。虽然在“探险”途中，奇可和妙可遇到了不少险情，但因为他们的机智、镇定、勇敢，所以能够一次次顺利避险。这样的经历既增加了他们对大自然的认识，也学到了不少的避险知识。怎么样？让我们一起来看看奇可和妙可的探险故事吧——